Vu Phan Thanh

Aus der Reihe: e-fellows.net stipendiaten-wissen

e-fellows.net (Hrsg.)

Band 514

Entwicklung von akustischen Messverfahren für Gehschall- und Trittschallpegel

Betriebspraktikum an der PTB, Physikalisch-Technische Bundesanstalt in Braunschweig

Entwicklung von akustischen Messverfahren für Gehschall- und Trittschallpegel

Betriebspraktikum an der PTB, Physikalisch-Technische Bundesanstalt in Braunschweig

GRIN Verlag

Bibliografische Information der Deutschen Nationalbibliothek: Die Deutsche Bibliothek verzeichnet diese Publikation in der Deutschen Nationalbibliografie; detaillierte bibliografische Daten sind im Internet über http://dnb.d-nb.de/ abrufbar.

1. Auflage 2010
Copyright © 2010 GRIN Verlag GmbH
http://www.grin.com
Druck und Bindung: Books on Demand GmbH, Norderstedt Germany
ISBN 978-3-656-26962-5

Entwicklung von akustischen Messverfahren für Gehschall- und Trittschallpegel

Bericht über das Betriebspraktikum

an der Physikalisch-Technischen Bundesanstalt in Braunschweig
Fachbereich :   Akustik und Dynamik
Arbeitsgruppe: Angewandte Akustik

Vu Phan Thanh

vu.phan.thanh[at]hotmail.de

CJD-Christophorusschule

Dr.-Wilhelm-Meyer-Gymnasium

Georg-Westermann-Allee 76

38104 Braunschweig

Berichtersteller: Vu Phan Thanh

Jahrgangsstufe : 10
Schuljahr :   2009/10

Kurs :   Politik
Kursleiter :

„Einblick in die Arbeitswelt":

Betriebspraktikum an der Physikalisch-Technischen Bundesanstalt (PTB)

Fachbereich :   Akustik und Dynamik
Arbeitsgruppe : Angewandte Akustik

Das Betriebspraktikum fand im Zeitraum vom 3. bis zum 21. Mai 2010 statt.
Diese Mappe mit den Praktikumberichten wurde im Rahmen dessen im
Zeitraum vom 27. April bis zum 27. Mai 2010 angefertigt.

Inhaltsverzeichnis

1.1 __Bewerbungsschreiben__ (Muster, fiktiv)

Vu Phan Thanh

vu.phan.thanh[at]hotmail.de

An die PTB
Bundesallee 100
38116 Braunschweig

Bad Kreuznach, 30. April 2010

Bewerbung um einen Ausbildungsplatz zum gelernten Physiklaboranten

Sehr geehrte Damen und Herren,

ich habe vor einigen Jahren ein interessantes Schülerbetriebspraktikum bei Ihnen absolviert. Dieser hat mich damals besonders angesprochen. Zunächst möchte ich mich Ihnen nochmals gerne vorstellen.

Zurzeit besuche ich die CJD-Christophorusschule (Dr.-Wilhelm-Meyer-Gymnasium) in Braunschweig. An dieser Schule werde ich voraussichtlich mein Abitur im Juli entgegennehmen. In meiner Kursstufe habe ich als Profilprüfungsfächer Physik und Mathematik belegt und besitze somit grundlegende Voraussetzungen für die Ausbildung zum Physiklaboranten. Zudem habe ich Englisch als Leistungskursfach („erhöhter Niveau") besucht.

Mein Interesse an der Physik zeigt sich zudem darin, dass ich in den letzten Jahren an Physik-Wettbewerben teilgenommen habe. Da bei mir also ein sehr starkes Interesse an der Physik und auch an einem Ausbildungsplatz an ihrem Institut für das nächste Jahr besteht, möchte ich mich hiermit gerne bei Ihnen bewerben.

Über eine Rückmeldung per E-Mail würde ich mich besonders freuen.

Mit freundlichen Grüßen

1.2 **Lebenslauf** (Muster)

Persönliche Daten

Name :	Vu Phan Thanh
Anschrift :	
E-Mail :	vu.phan.thanh[at]hotmail.de
Geburtsdatum/-ort :	31. 10. 1993, Chemnitz
Staatsangehörigkeit :	Deutsch, Vietnamesisch
Eltern :	Hai Phan Thanh, IT-Berater
	Thu Thuy Nquyen Thi
Geschwister :	zwei Brüder, eine Schwester

Schulbildung

2000-2004	Sterntalerschule, Grundschule
	Dietzenbach (Kreis Offenbach)
2004-2008	Ernst-Reuter-Schule, Gymnasialzweig
	Dietzenbach (Kreis Offenbach)
2008-2009	Gymnasium am Römerkastell, Gymnasium
	Bad Kreuznach
seit 2009	CJD-Christophorusschule, Gymnasium
	Braunschweig
Schulabschluss	voraussichtlich Abitur im Juli 2012
	an der CJD-Christophoruschule

Besondere Interessen und Kenntnisse

Kenntnisse :	Skriptprogrammierung mit Python und C++
	Erstellung von Webseiten mit HTML und PHP
	(inklusive Datenbankkenntnisse mit MySQL)
Interessen :	mathematisch-naturwissenschaftliche
	Herausforderungen (Wettbewerbe)
	Schach, Kriminalromane, Computer

Bad Kreuznach, 30. April 2010

1.3   <u>Erwartungen an den Betrieb</u>
<u>und an das Praktikum</u>

Ich werde vom 1. Mai bis zum 21. Mai an der Physikalisch-Technischen Bundesanstalt (PTB) mein Schülerbetriebspraktikum absolvieren.

Im Voraus habe ich mich bereits über die PTB informiert. Die PTB ist ein physikalisches Institut mit hauptsächlich Metrologie-Aufgaben. Mein Praktikum wird so vermutlich aus Messreihen bestehen. Dazu werde ich in einem physikalischen Laboratorium arbeiten und Messgeräte kennen lernen. Wahrscheinlich werde ich mich auch in die Theorie des Fachgebietes, in welchem ich zugeordnet bin, einarbeiten müssen. Dort werde ich also insgesamt hauptsächlich den Beruf eines Physiklaboranten ausführen. Ich hoffe, dass mir dieser Berufsfeld Spaß bereiten wird.

Der Physiklaborant arbeitet zudem stets mit anderen Personen, mindestens einem Physiker, zusammen. Von mir wird also auch Teamfähigkeit gefordert werden. Ich erwarte aber auch eine Arbeitsgruppe, deren Mitarbeiter mit mir sorgsam und hilfsbereit umgeht. Ich hoffe aber auch selbständig meinen Beruf nachgehen zu können.

Das Praktikum soll mir zeigen, ob ich auch für die praktischen Tätigkeiten in der Physik geeignet bin. Außerdem wünsche ich mir, dass das Praktikum mir Aufschluss darüber gibt, ob ich später in der Industrie oder in der Forschung meinen Beruf tätigen werde.

Ich vermute, dass das Betriebspraktikum nicht so anstrengend wie der Schulalltag sein wird. Zu einem denke ich, das zwischen der Arbeit viele Pausen eingeplant sind, zum anderen muss man in einem Betrieb keine Hausaufgaben bzgl. seiner Betriebsaufgaben anfertigen.

Da mir noch nicht mitgeteilt worden ist, in welche Abteilung ich mein Praktikum absolvieren werde, hoffe ich letztlich, dass ich im Gebiet der Elektrotechnik arbeiten werde.

2.1   Über den Praktikumsbetrieb

Die Physikalisch-Technische Bundesanstalt (PTB) in Braunschweig und Berlin ist eine Bundesoberbehörde und das höchste nationale metrologische Institut in der Bundesrepublik Deutschland (BRD). Sie wurde 1887 als erstes nationales Metrologieinstitut unter „Physikalisch-Technische Reichsanstalt" gegründet. Die PTB erfüllt wissenschaftlich-technische Dienstleisteraufgaben.

Die PTB ist in der Bundesrepublik Deutschland in Gesetzen festgelegt mit den Aufgaben betraut, die gesetzlichen Einheiten des SI, des Internationalen Einheitensystems (frz. Système international d'unités), darzustellen, zu bewahren und weiterzugeben. Dazu muss die PTB Fundamental- und Naturkonstanten bestimmen. Sie muss auch Mess- bzw. Kalibrierungs-verfahren entwickeln. Sie betreibt also Grundlagen der Metrologie.
Außerdem dient die PTB der Wissenschaft, Wirtschaft und Gesellschaft, indem sie an der Messtechnik mit Zuverlässigkeit und höchster Genauigkeit forscht und diese weiterentwickelt. Sie entwickelt und setzt Prüfungsnormen fest, zudem betreibt sie als Zulassungsstelle Qualitätssicherung. Darüber hinaus berät und informiert die PTB die Wirtschaft und Gesellschaft.
Die BRD wird auch durch diese Bundesanstalt bei fachlichen Angelegenheiten auf internationalen Organisationen und Veranstaltungen vertreten.

Nach dem Subsidaritätsprinzip sollen Aufgaben beispielsweise das Prüfen von Maßen zur Qualitätssicherung zunächst von untergeordneten Instituten wahrgenommen werden. Die PTB als eine Bundesoberbehörde hat also vor diesen Aufgaben zurückzutreten. Deshalb kann die PTB zu anderen untergeordneten Prüfinstitute nicht in Konkurrenz treten. Deshalb muss die PTB keine Werbung für ihre eigene Dienstleistung betreiben. Als letzte Instanz der Metrologie in der BRD hat die PTB aber die Aufgabe die untergeordneten Dienstleister zu überwachen.
Da die Tätigkeiten der PTB durch Gelder von Steuerzahlern finanziert werden, hat das in der PTB erworbenes Wissen öffentlich verfügbar zu sein. Dies wird durch Öffentlichkeitsarbeit erreicht.

Die höchste Instanz der PTB in ihrer Betriebshierarchie ist das Präsidium. Herr Prof. Dr. Ernst O. Göbel ist der Präsident dieses Präsidiums und zugleich der Leiter der gesamten Behörde. Die PTB ist anschließend in eine Verwaltungs- und neun Fachabteilungen gegliedert. Diese Abteilungen sind in mehrere Fachbereiche unterteilt. Die kleinsten Einheiten in den Fachbereichen sind die Arbeitsgruppen. Jede Betriebsinstanz besitzt einen Leiter, der für die Tätigkeiten innerhalb dessen verantwortlich ist.

In diesem Institut arbeiten etwa 1800 Beschäftigte, darunter etwa 430 wissenschaftliche Mitarbeiter. Etwas mehr als die Hälfte der Mitarbeiter sind im Gehobenen oder im Höheren Dienst eingestellt. Davon sind nur etwa ein Sechstel Frauen. Die restliche Hälfte der Mitarbeiter ist im Einfachen oder Mittleren Dienst eingestellt. Auch hier sind mehr als die Hälfte der Stellen von Männern besetzt. An der PTB sind also dominierend Männer anzutreffen.

Die meisten Mitarbeiter der PTB sind unbefristete Angestellte und Beamte. Sie sind nicht kündbar und ihnen drohen keine Entlassungen. Es sind aber Rückgänge von unbefristeten Neueinstellungen zu verfolgen.

Die PTB hat eine Mensa. In der die Mitarbeiter täglich ihr Mittagessen zu sich nehmen. In diesem Betrieb sind zudem Eltern-Kinder-Büros eingerichtet. Eltern können so ihre jungen Kinder mit in den Betrieb nehmen und diese während ihrer Arbeitszeit betreuen. Hier sind auch interne Betriebsärzte eingestellt. Diese genannten sind einige soziale Einrichtungen der PTB.

Die Nutzung von EDV ist an der PTB notwendig. Diese wird zur Organisation der Arbeitseinteilung, dem Informationsaustausch und insbesondere für die Messdatenerfassung benötigt. Dabei werden in der PTB die neusten Messtechnologien verwendet, um die Messgenauigkeit zu gewähren.

An der PTB als nationales metrologisches Institut ist „Metrologie" ein zentraler Fachbegriff. Die Metrologie ist die Wissenschaft, die sich mit den Maßen, also den physikalisch erfassbaren Messgrößen mit ihren Einheiten, und Maßsystemen befasst. Die Metrologie dient der nationalen einheitlichen „Messung". Eine Messung erfolgt durch das Vergleichen einer Messgröße mit einer „Einheit". Die Einheit wird durch das „Normal" festgelegt, verkörpert bzw. reproduziert. Die Einheit „Kilogramm" (kg) wird z.B. durch den Kilogrammprototyp, dem Normal, verkörpert. Die PTB ist also dafür zuständig, solch ein einheitliches Einheitensystem auf nationaler Ebene festzulegen und die Wirtschaft bzw. die Gesellschaft darüber zu informieren und zu beraten.

2.2 **Berufsbeschreibung :**

Physiklaborant/in

Während meines Betriebspraktikums an der PTB übe ich hauptsächlich Tätigkeiten aus, die zum Beruf eines Physiklaboranten gehören. Diesen Beruf möchte ich nun als Ausbildungsberuf beschreiben.

Rechtlich ist keine schulische Vorraussetzung für diesen Beruf vorgeschrieben. An der PTB werden vorwiegend Schulabgänger mit sehr gutem Hauptschulabschluss, mit gutem Realschulabschluss oder mit Abitur (Hochschulreife) als Auszubildende eingestellt. Man sollte gute Noten in Physik besitzen, da Physikkenntnisse eines der Hauptwerkzeuge eines Physiklaboranten sind. Je nach Betrieb sind zudem spezielle Kenntnisse in bestimmten physikalischen Bereichen, beispielsweise in der Mechanik, Elektrotechnik oder Akustik, notwendig. Zudem sollte man gute Noten in Mathematik haben, da die Ermittlung von statistischen Größen mindestens Schulwissen in der Mathematik erfordert. Außerdem sind Sorgfalt und Verantwortungsbewusstsein zur Vermeidung von Schäden am Menschen und an der Umwelt in diesem Beruf besonders wichtig.

Erfüllt man die schulischen Voraussetzungen, kann man eine Bewerbung bestehend aus Bewerbungsschreiben, Lebenslauf mit Lichtbild und seinen Schulzeugnissen an das Personalreferat der PTB bis Ende Oktober des Vorjahres senden. Daraufhin wird man schriftlich zu einem Eignungstest und einem persönlichen Gespräch eingeladen. Entscheidend für die Einstellung sind die Ergebnisse des Eignungstests, die Schulzeugnisse und das persönliche Gespräch.

Die Ausbildung zum Physiklaboranten an der PTB beginnt etwa Ende August eines Jahres und dauert dann 3,5 Jahre.

Die monatliche Ausbildungsvergütung ist nach Ausbildungsjahren gestaffelt und richtet sich nach den jeweils gültigen Tarifverträgen. Im ersten Ausbildungsjahr beträgt die Vergütung pro Monat beispielhaft 783 Euro, im zweiten Jahr beträgt sie 826 Euro, im dritten Jahr steigert die Vergütung auf 887 Euro und im vierten Jahr entspricht sie 942 Euro. Auch der Urlaub wird nach den jeweils gültigen Tarifverträgen geregelt.

In der Ausbildung lernt der Auszubildende die empirische Bestimmung von Messgrößen durch das Experiment. Sie erlernen das Aufbauen und das Durchführen von Versuchen und Messreihen. Dazu müssen die Auszubildenden verschiedene Messgeräte und –verfahren aus unterschiedlichen physikalischen Gebieten kennen lernen. Dabei werden auch EDV-Kenntnisse erworben. Hier lernen sie, ihre Versuchstätigkeiten und –ergebnisse so zu dokumentieren und darzustellen, dass andere Laboranten den Versuch reproduzieren können und Physiker/innen bzw. Ingenieure/innen die Ergebnisse des Laboranten auch analysieren und interpretieren können.

Alle Auszubildenden der PTB besuchen eine lokale Berufsbildende Schule. Dort erlernen sie die berufskundigen Grundlagen, in der Physik und in der Mathematik. In Physik ist besonders das Gebiet der Messtechnik wichtig. Sie müssen auch Informatik und Technisches Zeichnen belegen. Zudem ist die Sprache Englisch belegungspflichtig. Schließlich hat der Auszubildende in der Berufschule, Allgemeinwissen zu erwerben und Sport zu treiben. Je nach Fachrichtung sind zudem speziellere Kenntnisse zu erwerben.

Der Auszubildende muss Gelerntes wiedergeben, dieses Wissen übertragen und praktisch anwenden können. Zudem muss er mithilfe mathematischer Grundlagen über das Gelernte hinaus Wissen entwickeln und zu Problemstellungen Lösungen finden und bewerten können.

Die Abschlussprüfung zum gelernten Physiklaboranten beinhaltet Praktische Arbeiten und die Prüfung über den erworbenen Berufskenntnissen und über die Allgemeinbildung aus der Berufschule. Die Praktischen Arbeiten bestehen aus einer Grundlagenarbeit und einer Facharbeit. Die Grundlagenarbeit bezieht sich auf die Grundausbildung. Die Facharbeit wird als individuelle praktische Arbeit angefertigt mit Beziehung zu der Fachausbildung.

An der PTB werden alle ausgebildeten Physiklaboranten auf Wunsch, die ihre Ausbildung ohne große Probleme absolviert haben, ein Jahr weiterbeschäftigt. Möchte man dann weiter an der PTB arbeiten ist eine gesonderte Bewerbung erforderlich. Die Zusage hängt jedoch von der jeweiligen Stellensituation ab.

Der Physiklaborant hat danach viele mögliche Weiterbildungsmöglichkeiten. Beispielsweise kann der Physiklaborant eine Fachhochschule besuchen oder technische Abendkurse belegen. Dort kann eine Weiterbildung zum Elektro-, Informatik-, oder Maschinenbauingenieur (FH) aufgenommen werden.

Innerhalb der PTB sind jedoch keine Aufstiegsmöglichkeiten möglich, da die Arbeitsgruppen stets von Wissenschaftlern geleitet werden.

 <u>Der Arbeitsplatz</u>

Mein Arbeitsplatz befindet sich im Helmholtz-Gebäude II auf dem Gelände der PTB. In diesem Gebäude befindet sich die Abteilung „Akustik und Dynamik".

Dort arbeite ich an hauptsächlich zwei Stellen. Zu einem führe ich im Deckenprüfstand einzelne Messungen durch, zum anderen werte ich in meinem Büro mithilfe von Computern die Messergebnisse aus. Zur Messauswertung schreibe ich auch in meinem Büro die Berichte über meine Tätigkeiten.

Der Deckenprüfstand besteht aus zwei übereinander liegenden Räumen, die mit einer Betondecke bestimmter Dicke voneinander getrennt sind. Die Räume des Prüfstandes sind bis auf wenige Versuchsgeräte leer. Im Prüfstand werden Schallmessungen durchgeführt. Im Abschnitt „Ein Arbeitsvorgang" werden die dortigen Tätigkeiten zu diesen Schallmessungen dargestellt.

In meinem Büro werden die im Prüfstand aufgenommenen Schallmessungen ausgewertet. Dazu steht mir ein Computer mit Internetzugang zur Verfügung. Er steht auf einem Schreibtisch. Auf diesem Tisch steht viel Platz zur Verfügung. Zudem stehen auf dem Tisch eine Lampe und ein Telefon zur Benutzung, mit welchem ich andere Mitarbeiter der PTB anrufen und gegebenenfalls um Hilfe bitten kann. In diesem Raum befindet sich auch ein Waschbecken. Es besteht zudem Aussicht nach draußen.

Im Helmholtz-Gebäude finden Messungen und Forschung am Schall statt. Dazu benötigt man einen Schallsender und einen Schallempfänger. Dies sind für meine Versuche ein Hammerwerk und Mikrophone. Diese Geräte werden ebenfalls im Abschnitt „Ein Arbeitsvorgang" beschrieben.

Bei der Auswertung kann man sich den Computer zu Hilfe nehmen. Physik- bzw. Mathematikkenntnisse sind für die Auswertung dennoch notwendig.

Anhand der Ergebnisse der Messungen und Forschung kann man anschließend evtl. Normentwürfe zur Schallmessung erstellen. Im Zeitraum meines Praktikumsaufenthaltes wirke ich beispielsweise daran mit, eine europäische Norm zur Messung des Gehschalls zu verbessern. Zur Erklärung des Gehschalls sehe man sich den Abschnitt „Ein Arbeitsvorgang" an.

Die Beschäftigten an der PTB arbeiten nach einer geregelten Arbeitszeit. Die Arbeitszeit wird in der Woche auf die fünf Wochentage von Montag bis Freitag verteilt und beträgt etwa 40 Stunden pro Woche. Das Gehalt richtet sich für Nicht-Verbeamtete nach den jeweils gültigen Tarifverträgen für den öffentlichen Dienst (TVöD).

Innerhalb der Arbeitsgruppe arbeiten alle Mitarbeiter gemeinsam an Problemen bzw. Aufgaben. Zu den einzelnen Aufgaben werden innerhalb der Arbeitsgruppen Teams gebildet, die für die einzelnen Aufgaben Mitarbeiter mit unterschiedlichen Qualifikationen benötigt werden. Der Arbeitsgruppenleiter bildet diese Teams und verteilt als Arbeitsgruppenleiter die anstehenden Aufträge und Aufgaben an die Teams weiter, wobei er die Interessen der Mitarbeiter berücksichtigt.

Die mir in der Arbeitsgruppe zugeteilten Tätigkeiten in der Zeit des Praktikums führen direkt zu keinen Umweltbelastungen, da ich nur mit „einfachem" alltäglichem Schall arbeite. Die Schalldosen sind noch unkritisch, weshalb ich noch keinen Lärmschutz benötige. In der Akustik sind auch keine besonderen Berufsbekleidungen notwendig.

2.4 <u>**Ein Arbeitsvorgang :**</u>

<u>**Aufnahme von Messreihen**</u>

In diesem Abschnitt stelle ich den Arbeitsvorgang zur Aufnahme von Messreihen des Tritt- bzw. Gehschalls vor.

Wenn man Schall in einem Raum erzeugt, indem evtl. man auf dem Boden geht, so breitet sich dieser Schall in demselben Raum aus. Die gehende Person nimmt ggf. den so genannten Gehschall wahr und hört ihre Schritte. Im darunter liegenden Raum breitet sich der Schall aber ebenfalls aus, welcher ggf. als störend empfunden werden kann. Diesen Schall nennt man Trittschall. Die Messungen zu diesem Schall finden im Deckenprüfstand statt.

Die Untersuchungsobjekte in meinen Versuchen sind zwei Laminatsorten und drei verschiedene Bodenunterlagen. Es gibt zwei Sorten Laminat, drei Bodenunterlagen und zwei Hammerwerke zu testen. Es ist sinnvoll den einzelnen Untersuchungsobjekten kurze Bezeichnungen zu geben. So habe ich die beiden Laminatsorten mit den Buchstaben L für „handelsübliches Laminat" bzw. B für „Laminat von B." bezeichnet. Die Unterlagen werden einfach mit den drei Buchstaben A, B, C abgekürzt. Im Anhang ist die Zuordnung dieser Buchstaben zu den Erkennungsfarben der Unterlagen wiedergegeben. Der „Norsonic"-Hammerwerk wird mit N und der „Sinus"-Hammerwerk wird mit „S" dargestellt.

Zur Aufnahme der Pegelwerte beider Schallarten werden Geräte benötigt. Zunächst braucht man ein Hammerwerk. Hammerwerke lassen in zeitlich periodischen Abständen Gewichtstücke mit in Normen festgelegten Massen aus einer bestimmten Höhe auf den Boden fallen. Dadurch entsteht Schall. Meine Versuchsreihen werden mit zwei unterschiedlichen Hammerwerken, dem „Norsonic" und dem „Sinus", durchgeführt.
Zudem werden Mikrophone benötigt, die den Schall aufnehmen und dann die Schalldrücke messen. Dabei müssen die Mikrophone den Schall im gesamten Raum aufnehmen. Dazu werden die Mikrophone an je einer Stange befestigt, welche in 32 Sekunden sich einmal um ihre Enden rotieren. So rotieren die Mikrophone ebenfalls mit durch den gesamten Raum.

Die Mikrophone wandeln den Schalldruck in elektrische Spannung um. Diese Spannung misst ein Computer und rechnet diese in Pegelwerte mit der Einheit Dezibel um. Diese Werte gibt er dem Experimentator auf dem Bildschirm aus.

Der Versuchsaufbau besteht zunächst darin, die Hammerwerke auf einer geeigneten Stelle im oberen Raum zu stellen und unter die Aufschlagstellen der Hämmer Markierungen zu setzen. So kann die Aufschlagstelle der Hämmer reproduziert und grobe Fehler evtl. aufgrund Inhomogenität der Betondecke vermieden werden.

In den beiden Räumen wird anschließend je ein rotierendes Mikrophon hingestellt. Dabei muss beachtet werden, dass die im den Normentwurf festgelegten Mindestabstände der Mikrophone zu den Wänden eingehalten werden. Anschließend werden die Mikrophone bzw. der Computer bezüglich der Frequenz und dem Schallpegel vor jeder Messreihe kalibriert.

Die Mikrophone werden anschließend mit dem Eingang des Computers verbunden. Zum Schluss schließt man den Computer und die Hammerwerke an einer Versorgungsspannung an. Man lässt anschließend die Geräte dann etwa fünfzehn Minuten warm laufen.

In der ersten Messreihe lässt man die Hammerwerke auf die großflächigen Laminatstücke schlagen, wobei sich das Laminat über einer Bodenunterlage befindet. Die Bodenunterlage liegt dabei direkt auf dem Boden.

Die erste Messreihe besteht darin, den Tritt- bzw. Gehschall jeglicher Kombination der beiden Hammerwerke auf die zwei Laminat- und drei Unterlagensorten schlagend zu messen. Der Entwurf zur Messnorm schreibt zudem vor, dass die Mikrophone auf zwei unterschiedlichen Bahnen rotieren müssen, um den Schallpegel im gesamten Raum zu erfassen.

Für diese Messreihe sind also insgesamt 24 Messungen durchzuführen.

Eine Messung der ersten Messreihe besteht darin sich zunächst eine der drei Unterlagen auszusuchen und diese auf die Markierungen der Aufschläge zu legen. Anschließend sucht man sich eine Laminatsorte aus und legt ihre großflächige Form auf die Unterlage. Als nächstes legt man das Hammerwerk auf das Laminat so, dass die Hämmer auf die Markierungen schlagen. Zur Orientierung des Hammerwerks sind also weitere Markierungen nötig, die aber nicht im Bereich liegen dürfen, die von der Unterlage bedeckt wird.

Nun lässt man beide Mikrophone rotieren. Die beiden Türen der einzelnen Räume des Prüfstandes werden verschlossen. Von außen kann man den Hammerwerk einschalten und diese gegen das Laminat schlagen lassen. Der Computer nimmt 32 Sekunden lang, entsprechend der Dauer einer Umdrehung der Mikrophone die einzelnen Schallpegel bei unterschiedlichen Schallfrequenzen auf. Der Computer mittelt die in den 32 Sekunden aufgenommenen Schallpegel für jede Frequenz einzeln. Man kann diese Daten anschließend auf einer Diskette speichern.

Anschließend kippt man die Rotationsbahn der Mikrophone, indem man die Stellung der Stange verändert. Und wiederholt die Messung, die man wiederum auf der Diskette speichert. Im Büro müssen diese je paarweise zugehörigen Messungen derselben Kombination gemittelt werden.

Die gesamte Durchführung wiederholt man für alle möglichen weiteren Kombinationen aus Hammerwerk, Laminat- und Unterlagensorte. Dabei erfolgt die erste Messreihe relativ problemlos.

Anschließend muss auch der Tritt- und Gehschall der rohen Decke, also das Hämmern direkt auf der Betondecke, gemessen und gespeichert werden.
In der zweiten Messreihe lässt man die Hammerwerke auf die kleinen Laminat-Pads schlagen, wobei diese in einer Styropor-Matrix gesteckt sind. Die Styropor-Matrix mit den Pads ersetzt das große Laminatstück und befindet sich ebenfalls auf einer Bodenunterlage. Die Durchführung entspricht schließlich analog der ersten Messreihe.
Hier tritt jedoch ein Problem auf, der im zweiten Wochenbericht erläutert wird.

Im oberen Raum lässt man das Hammerwerk gegen den Boden schlagen. Es entsteht Schall im oberen Raum. Zudem wird Schall vom oberen Raum durch den Boden zum unteren Raum weitergeleitet. Die Mikrophone in beiden Räumen und der Computer nehmen diesen auf. Aufgrund der Messungen können Schlussfolgerungen über die einzelnen Böden gemacht werden.

Beide Räume werden von zwei Türen verschlossen, dadurch werden die Mitarbeiter vor dem Lärm der auf den Boden schlagenden Hämmer geschützt.

3.1 **Eindrücke von**

meinen ersten Praktikumstag

Ich komme mit dem Bus morgens um 8:00 Uhr am Eingang des Geländes der PTB an. Dort werde ich von einem Mitarbeiter der Wache angesprochen. Er fragt mich, ob ich ein Praktikant sei, woraufhin ich seine Frage bejahe. Er gibt mir eine Geländekarte der PTB und zeigt mir auf dieser den Weg zum Zentralgebäude, zum Praktikumsbeauftragten an der PTB. Ich melde ihm am Zentralgebäude dann meine Ankunft an. Danach weist er mir meinen Praktikumsplatz in der Arbeitsgruppe der „Angewandten Akustik" bei einem Praktikumsbetreuer zu. Diese Arbeitsgruppe betreibt Bauakustik und befindet sich im Helmholtz-Gebäude II. Die „Angewandte Akustik" gehört zum Fachbereich „Akustik und Dynamik".

Bei meinem Praktikumsbetreuer angekommen, zeigt dieser mir die Räumlichkeiten im Helmholtz-Gebäude II. Wichtige Räume für akustische Messungen und Versuchsdurchführungen sind beispielsweise der Hall-Raum, Freifeld-Raum oder der Deckenprüfstand.

Im Hallraum wird der Schall an den Wänden beinahe vollständig reflektiert. Der Schalldruck ist in einem solchen Raum gleichmäßig verteilt. Jeder Punkt und jede Richtung im Raum sind gleichberechtigt für Messungen verwendbar.

Im Gegensatz dazu absorbieren die Wände des Freifeld-Raums den Schall komplett. Der Schall läuft von der Quelle in alle Richtungen, ohne zurückzukehren. Gesetzmäßigkeiten dieser Ausbreitung sind bekannt.

Der Deckenprüfstand ist einer meiner Arbeitsplätze. Näheres zum Prüfstand ist im Abschnitt „Mein Arbeitsplatz" zu finden.

Um 9:30 beginnt die Kaffeepause. Zu dieser Zeit treffen alle anwesenden Mitarbeiter der Arbeitsgruppe „Bauakustik" im Besprechungsraum ein, um sich zu entspannen, sich auszutauschen und sich auf den Arbeitstag einzustellen. Dabei wird oft Tee bzw. Kaffee getrunken.

Nach der Kaffeepause zeigt mein Betreuer mir mein Büro. Dieses Büro wird ebenfalls im Abschnitt „Mein Arbeitsplatz" beschrieben. Ich soll mich in die Grundlagen der Akustik einarbeiten. Dazu gibt mein Praktikumsbetreuer mir ein englischsprachiges Skript. Zum Mittagessen um 11:30 Uhr unterbreche ich meine Arbeit mit dem Akustik-Skript und gehe mit den Mitarbeitern zu Mensa.

Das Mittagessen kostet 4,80 Euro. Dieses verbringe ich bis etwa 12:00 mit meinem Praktikumsbetreuer, dem Fachbereich- bzw. Arbeitsgruppenleiter und weiteren Mitarbeitern der Arbeitsgruppe.

Nach dem Mittagessen führe ich meine Arbeit mit dem Skript fort. In dieser wird zunächst der Begriff Schall definiert und seine Entstehung bzw. Ausbreitung erklärt. Es folgen Kapitel über die Eigenschaften von Schallwellen wie die Frequenz, den Schalldruck, die Intensität bzw. die Leistung, ihre Geschwindigkeit in verschiedenen Medien und die Impedanz, sozusagen der Widerstand eines Mediums gegen Schallwellen. Anschließend folgen wichtige Themen für meine praktische Arbeit, nämlich der Geräuschpegel. Es wird die Definition des Geräuschpegels in Dezibel vorgestellt. Anschließend lerne ich die logarithmische Addition und Subtraktion von Pegeln kennen, welches keine einfachen „plus"- und „minus"- Rechnungen sind.

Um 15:30 werde ich wieder zu einer Kaffeepause eingeladen. Diese verläuft ähnlich wie die Kaffeepause am Vormittag. Dort treffe ich auch erstmals den Arbeitsgruppenleiter an. Am Ende der Pause sagt er mir, dass ich in den nächsten Praktikumstagen bis spätestens 9:00 Uhr ankommen und meine Arbeitszeit an etwa 8 Stunden pro Tag orientieren solle.

Um 16:30 beende ich meinen ersten Praktikumstag und laufe zurück zur Bushaltestelle.

3.2 <u>**Erste Praktikumswoche**</u>
<u>**vom 3. Mai bis 5. Mai**</u>

Ich komme täglich etwa um 8:30 am Helmholtz-Gebäude II an. Zu dieser Zeit kann ich noch nicht erledigte Arbeitaufträge von den Vortagen oder seitens der Schule erledigen. Dienstags und donnerstags findet jeweils um 9:30 eine Mitarbeiterbesprechung anstatt der Kaffeepause statt. Bei dieser Besprechung werden bereits gewonnene Ergebnisse allen Mitarbeitern offiziell mitgeteilt und den Mitarbeitern die in der Woche zu erledigenden Aufgaben erklärt.

Nachdem ich mich an meinem ersten Praktikumstag in die theoretischen Grundlagen der Akustik eingearbeitet habe, beginne ich am zweiten Tag mit der praktischen Arbeit im Deckenprüfstand. Nach der Mitarbeiterbesprechung erklärt mir eine Mitarbeiterin die Funktion und die Bedienung der einzelnen Geräte zur Durchführung der Messungen im Prüfstand. Die verwendeten Geräte werden im Abschnitt „Beschreibung eines Arbeitsvorgangs" erklärt.

Es sollen zwei unterschiedliche Laminat-Sorten und drei unterschiedlich Bodenunterlagen auf ihre Eigenschaften bezüglich des Schalls, insbesondere der Schaldämmung, untersucht werden. Dabei liegen die Laminatböden in je zwei Formen vor, als ca. 1 m² große Flächen und in kleinen Pads.

Ich erhalte die Aufgabe, den Trittschall und den Gehschall zu messen, die bei Hämmern auf jegliche Kombinationen der Laminatsorten und Unterlagen entstehen. Dazu muss ich zunächst einen Entwurf für die Norm der Tritt- und Gehschallmessung lesen, bevor ich die Messungen selbst durchführe. Im Abschnitt „Beschreibung eines Arbeitsvorganges" werden eben diese Tätigkeiten zur Versuchsdurchführung beschrieben.
In dieser Woche soll ich die Messreihe zur Untersuchung des Laminats in Parkettform durchführen, die ich auch in dieser Woche beende.

Ich möchte anmerken, dass ich am 6. und 7. Mai vom Betriebspraktikum seitens der Schule und des Betriebs aufgrund meiner Teilnahme an der Bundesrunde der Deutschen Mathematikolympiade vom 6. Mai bis zum 9. Mai in Göttingen befreit bin.

vom 10. Mai bis 12. Mai

Zu Beginn der zweiten Woche muss ich eine Messung nachholen, nämlich die Rohdecke. Das ist der Tritt- bzw. Gehschall der bei Hämmern direkt auf den Boden entsteht. Dadurch kann ich mit den Messungen aus letzter Woche durch Subtraktion von Pegelwerten die Trittschallminderung berechnen. Dies führe ich mithilfe eines Tabellenkalkulations-Programms aus. Anschließend kann ich in einem Graphen die Trittschallminderung gegen die jeweiligen Schallfrequenzen darstellen (Anlage).

Ich erfahre nun, dass die Arbeitsgruppe einen Entwurf zur Gehschallmessung erstellt hat, die aber nun die neue Europäische Norm werden soll.
Die Arbeitsgruppe hat vor meinem Praktikumsbeginn die Idee gehabt, zusätzliche Messungen mit Laminat-Pads durchzuführen. Laminat-Pads sind kleine Laminatstücke, die eine Größe ähnlich der Aufschlagfläche der Hämmer besitzen. Diese werden in eine Styropor-Matrix gesteckt und fixiert.
Für den neuen Normvorschlag hat die Arbeitsgruppe bereits einen Entwurf angefertigt, nach der ich nun die Gehschallmessungen durchführe.

In der zweiten Woche führe ich also eine weitere Versuchsreihe dem neuen Normvorschlag entsprechend im Deckenprüfstand durch.
In dieser Versuchsreihe werden nun statt der großflächigen Laminatbeläge kleine Laminat-Pads verwendet, wobei die verwendeten Pads aus den großflächigen Laminatbelägen ausgeschnitten worden sind.
Dabei treten einige Probleme im Versuchsaufbau bzw. in der Durchführung auf. Der „Sinus"-Hammerwerk schlägt einwandfrei auf das Laminat, sodass ich die Messungen aufnehmen kann, der „Norsonic"-Hammerwerk aber, verändert durch das Hämmern ihre eigene Position und schlägt dann nicht mehr auf die Laminat-Pads sondern auf das Styropor.
Da die meisten Betreuer auf Dienstreise sind, muss ich selbstständig arbeiten. So suche ich nach einem Klebeband, finde aber kein hinreichend starkes, welches den „Norsonic"-Hammerwerk fixieren kann.

3.4 <u>**Dritte Praktikumswoche**</u>
<u>**vom 17. Mai bis 21. Mai**</u>

Da meine Praktikumsbetreuer von ihren Dienstreisen zurückgekehrt sind, kann ich sie um hinreichend starkes doppelseitiges Klebeband erbitten. Dies dient zur Fixierung des „Norsonic"-Hammerwerks. In dieser Woche beende ich die Messreihe mit den Laminat-Pads.

Die Auswertung dieser neuen Messdaten beinhaltet erneut die Erstellung von Graphen, die die Trittschallminderung bzw. nun auch den Gehschall gegen die einzelnen Schallfrequenzen aufgetragen darstellen. Der Gehschall wird dabei nach der neuen vorgeschlagenen Norm berechnet.

Dabei tritt das Problem auf, dass bei einigen Frequenzen die Messergebnisse in der vorgeschlagenen Formel zur Gehschallberechnung zu einem negativen Argument im Logarithmus führen. Solche mathematischen Ausdrücke sind im reellwertigen Bereich leider nicht definiert. Deshalb wird vorgeschlagen den verantwortlichen Klammerausdruck der Formel gleich null zu setzen, falls der Klammerausdruck nach Einsetzen der Messewerte negativ ist. So kann man den Computer einen stetigen Graphen zeichnen lassen. Diese bringen jedoch kein zufrieden stellendes Ergebnis, da im Graphen Sprünge auftreten.

Auch der Trittschall der Pads wird ausgewertet. Dazu wird wie in der zweiten Woche die Trittschallminderung gegen die Frequenzen abgetragen. Der entstehende Graph ist im Anhang zu finden. Da die Laminat-Pads genau so über den Unterlagen auf dem Boden liegen, wie die Laminatparkettstücke sollten diese bezüglich der Trittschallminderung gleiches Verhalten aufweisen.

Die Graphen sehen leider verschieden aus, woraus man folgt, dass das Verhalten der Pads und das Verhalte der großen Flächen verschieden sind.

Diese Ergebnisse zeigen ggf., dass die Norm verbesserungswürdig ist.

Anschließend stellt man mir die Aufgabe, ein Versuchsprotokoll für die PTB über die in meinem Praktikumszeitraum durchgeführten Messreihen zu erstellen. Dieses Versuchsprotokoll dient der Reproduktion meiner Ergebnisse beispielsweise durch andere Experimentatoren.

In diesem Abschlussbericht zum Praktikum möchte ich meine Tätigkeiten und Erfahrungen der letzten drei Wochen im Betrieb zusammenfassen. Dabei werde ich zunächst auf meine geleistete Arbeit eingehen. Ich führe anschließend mit meinen Beobachtungen zum Umgang unter den Mitarbeitern fort. Zum Schluss werde ich meine persönlichen im Praktikum erworbenen Erkenntnisse und auch Orientierung auf dem Arbeitsmarkt bewerten und beurteilen.

Im Praktikum habe ich mir den Beruf des Physiklaboranten angeschaut und ihn ausgeübt. Meine Arbeitsgruppe hat eine Norm zur Gehschall- und Trittschallmessung entworfen, welcher zur Europäischen Messnorm entwickelt wird. Nach dieser Messnorm habe ich den Gehschall bzw. Trittschall auf Laminatboden mit Unterlagen gemessen. Die Messreihen bestanden aus stets denselben Tätigkeiten, die sich nur durch Einsatz verschiedener Laminat- und Unterlagensorten unterscheiden. Dadurch ist diese Arbeit eintönig geworden. Auch dauernd die Treppen hoch bzw. nach unten zu gehen zu müssen, um die Bahnen der Mikrophone umzustellen ist anstrengend und ermüdend gewesen. Die Messreihen habe ich selbstständig durchführen müssen. So habe ich bei Problemen im Aufbau zunächst selbst Lösungsmöglichkeiten ausgedacht, die nicht stets zum Ziel geführt haben. In den Besprechungen habe ich dann aber stets Hinweise erhalten. Besonders interessant habe ich die Auswertung der Messdaten empfunden. Dies hat das Arbeiten mit einem Tabellenkalkulationsprogramm erfordert, bei der man das theoretisch erworbene Wissen zum Rechnen mit Pegelwerten anwenden konnte, um die gesuchten Größen zu bestimmen. Außerdem ist das Analysieren und Interpretieren der erstellten Graphen mit dem Arbeitsgruppenleiter besonders spannend gewesen.

Nach dem Praktikum kann ich nun theoretisch besser mit der Akustik umgehen, da ich den Umgang mit Größen wie Schalldruckpegel in meinem Praktikum auch geübt habe. Zur der Akustik habe ich auch ein größeres Verständnis über das in der Schule bereits gelehrten Stoff entwickelt.
Ich erkenne aber auch, dass das Arbeiten in einem Betrieb anstrengender ist, als ich es mir vorgestellt habe. Es ist auch manchmal langweilig gewesen.

Ich habe in der Arbeitsgruppe „Angewandte Akustik" gearbeitet. Arbeitsgruppen sind die kleinste Einheit in der Betriebshierarchie an der PTB. Die Beschäftigten in einer Arbeitsgruppe kennen sich alle untereinander. Es ist zwar möglich, dass sie an unterschiedlichen Aufgaben arbeiten, können dennoch mitbekommen, was die Aufgaben ihrer anderen Mitarbeiter sind und wie weit ihr Fortschritte in diesen Aufgaben sind. Manchmal kann ein anderer Mitarbeiter Hinweise geben, die evtl. zur Lösung führen.

Innerhalb eines Teams, die gemeinsam eine Aufgabe bearbeiten, sprechen die Mitarbeiter untereinander ab, welche Tätigkeiten sie machen. In den Teams sind oft Arbeiter mit unterschiedlchen Qualifikationen. In meinem Team ist beispielsweise beim Aufbau eines Versuches ein Feinmechaniker benötigt worden, der die entsprechenden Pads und Laminatstücke schneidet. So habe ich die Messreihen durchführen können und die Auswertung an einen Ingenieur, dem Arbeitsgruppenleiter, weitergegeben.

In den Kaffeepausen und beim Mittagessen unterhalten sich die Mitarbeiter auch über private Angelegenheiten beispielsweise über Mofas, Autos, ihre frühere Jugend, etc. Es herrscht insgesamt also eine angenehme Atmosphäre unter den Mitarbeitern.

Sie haben mich sofort gut aufgenommen. So ist es auch zu keinen Konflikten innerhalb der Gruppe gekommen.

Da mein eigentlicher Praktikumsbetreuer an einem wissenschaftlichen Paper arbeitete, er also kaum Zeit für meine Betreuung stellen konnte, habe ich mich bei Problemen hauptsächlich an den Arbeitsgruppenleiter gewendet. Mit ihm habe ich mich ziemlich gut verstanden. Auch habe ich die Auswertung und Interpretation der Graphen mit ihm ausgeführt.

Dieses Praktikum hat mit gezeigt, dass ich besonders Interesse für die Theoretische Physik hege, entgegen dessen jedoch noch sehr viele Probleme beim Experimentieren besitze. Diese Schwäche ist mir auch schon bei meinen Experimentellen Klausuren in den Physik-Wettbewerben aufgefallen. Ich habe gedacht, dass das Experimentieren einfach sei, und ich wegen des Zeitdrucks schlecht abgeschnitten habe. Das Praktikum zeigt mir aber, dass dies nicht stimmt und mich sehr wohl mehr mit dem Experimentieren beschäftigen muss. Ich habe auch von den Mitarbeitern erfahren, dass als Bestandteil eines Physikstudiums viele Experimentelle Seminare belegungspflichtig sind und manche Studenten an eben diesen Seminaren scheitern.

Ich habe aber auch erfahren können, dass das Experimentieren langweilig sein kann, da man in diesen oft Messreihen durchführt. Messreihen sind aber oft stets wiederholende Tätigkeiten, wodurch die Arbeit eintönig wird.

Ich habe in meinem Praktikum gemerkt, dass Teamfähigkeit und soziale Kompetenzen für einen Physiklaboranten besonders wichtig sind, da dieser stets mit anderen Mitarbeiten gemeinsam beschäftigt ist. Im Praktikum habe ich dieses besonders intensiv erfahren können. Da ich eher einer der stillen Personen bin und mich oft zurückhalte, habe ich nicht viel mit den Mitarbeitern mitreden können. Dennoch sird viele Mitarbeiter auf mich zugegangen und haben einen „Smalltalk" mit mir begonnen.

Insgesamt sehe ich mich nach dem Praktikum für eine Ausbildung zum Physiklaboranten ungeeignet, da ein Laborant öfters eintönige Messreihen durchführt. Für mich erscheint solche Arbeit leider etwas zu „langweilig".
Da ich in diesen drei Wochen aber erkannt habe, dass ich gerne Versuchsergebnisse interpretiere und analysiere, welches teilweise die Aufgaben des Ingenieurs bzw. Physikers sind, ziehe ich mir ein Physikstudium als Alternative in Betracht. Mir ist bewusst, dass ein solches Studium nicht kurzfristig zu planen ist, dennoch interessiere ich mich mehr für die Theoretische Physik, welches in einem Studium intensiver behandelt wird.

 # **<u>Anhang</u>**

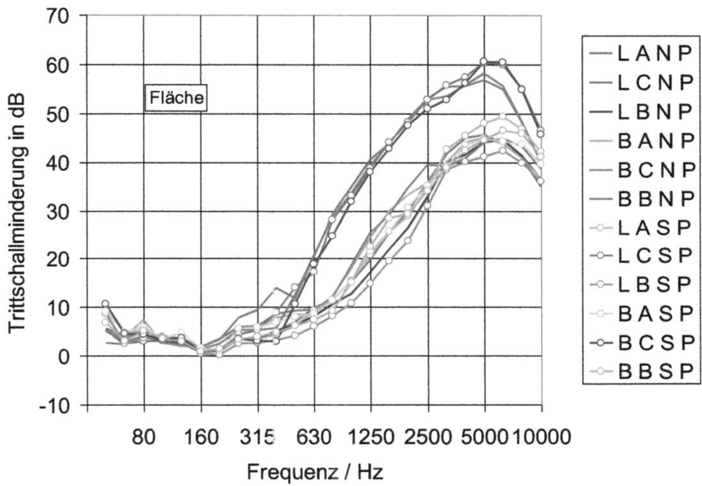

Trittschallminderung für großflächige Laminatbodenbedeckung

Legende:

1. Buchstabe

L – Laminat L

B – Laminat B

2. Buchstabe

A – Unterlage silbern/grau

B – Unterlage silbern/grün

C – Unterlage Plastik

3. Buchstabe

N – Norsonic

S – Sinus

4. Buchstabe

P – Prüfstand (Ort)

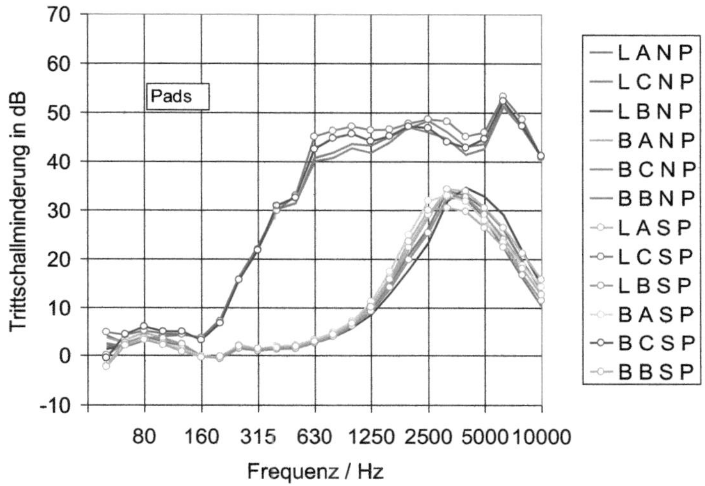

Trittschallminderung für kleine Laminatpads

Legende:

1. Buchstabe

L – Laminat L

B – Laminat B

2. Buchstabe

A – Unterlage silbern/grau

B – Unterlage silbern/grün

C – Unterlage Plastik

3. Buchstabe

N – Norsonic

S – Sinus

4. Buchstabe

P – Prüfstand (Ort)

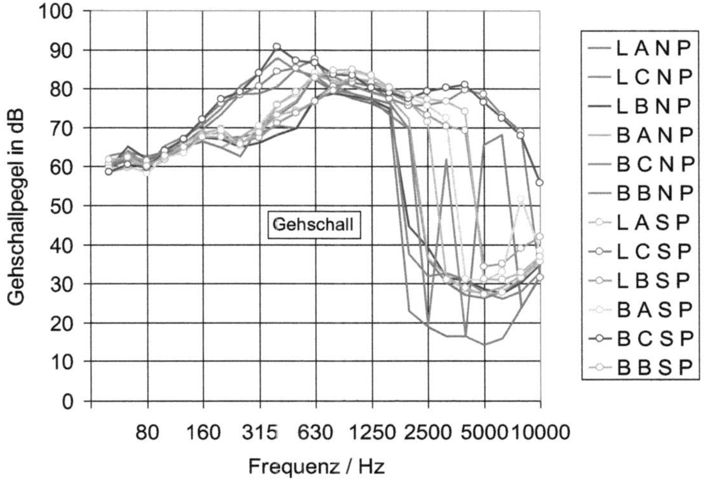

Gehschallpegel nach vorgeschlagenem Normentwurf

Legende:

1. Buchstabe

L – Laminat L

B – Laminat B

2. Buchstabe

A – Unterlage silbern/grau

B – Unterlage silbern/grün

C – Unterlage Plastik

3. Buchstabe

N – Norsonic

S – Sinus

4. Buchstabe

P – Prüfstand (Ort)

6. <u>Literaturverzeichnis</u>

Internetquellen:

Kapitel 2.1   Über den Betrieb :

http://www.ptb.de/de/zieleaufgaben/wasistdieptb/index.html
(abgerufen am 12. 05. 2010, 18:36 MESZ)
http://www.ptb.de/de/zieleaufgaben/wissenschaftsrat/
WR_Evaluation_PTB_Mai2008.pdf
(abgerufen am 12. 05. 2010, 18:42 MESZ)
http://www.ptb.de/de/zieleaufgaben/aufgabenprofil/index.html
(abgerufen am 13. 05. 2010, 19:45 MESZ)
http://www.ptb.de/de/satzung/satzung_d.pdf
(abgerufen am 13. 05. 2010, 20:01 MESZ)
http://www.ptb.de/de/fachabteilungen/organisationsstruktur/
org_aktuell_d.pdf
(abgerufen am 13. 05. 2010, 18:26 MESZ)
http://de.wikipedia.org/wiki/Physikalisch-Technische_Bundesanstalt
(abgerufen am 14. 05. 2010, 20:34 MESZ)

Kapitel 2.2   Berufsbeschreibung

http://www.ptb.de/de/jobsausbildung/ausbildung/berufe/pl.htm
(abgerufen am 15. 05. 2010, 10:28 MESZ)
http://www.ptb.de/de/jobsausbildung/ausbildung/berufe/allg.htm
(abgerufen am 15. 05. 2010, 10:34 MESZ)
http://infobub.arbeitsagentur.de/berufe/
start?dest=profession&prof-id=6351
(abgerufen am 15. 05. 2010, 10:47 MESZ)
http://de.wikipedia.org/wiki/Physiklaborant
(abgerufen am 16. 05. 2010, 13:06 MESZ)

Hiermit versichere ich, dass ich die vorliegende Praktikumsmappe mit ihren Berichten zum Betriebspraktikum im Schuljahr 2009/10 der zehnten Klasse selbstständig angefertigt, keine anderen als die angegebenen Hilfsmittel genutzt die Stellen der Arbeit, die im Wortlaut oder im wesentlichen Inhalt aus anderen Werken entnommen wurden, mit genauer Quellenangabe kenntlich gemacht habe,

Braunschweig, den 27. Mai 2010   Vu Phan Thanh